数学小天才的一年级预备课

数 字

[美] 约瑟夫·米森　文

[美] 萨缪·希提　　图

仇韵舒　译

U0177472

W文汇出版社

小读客
童书

目 录

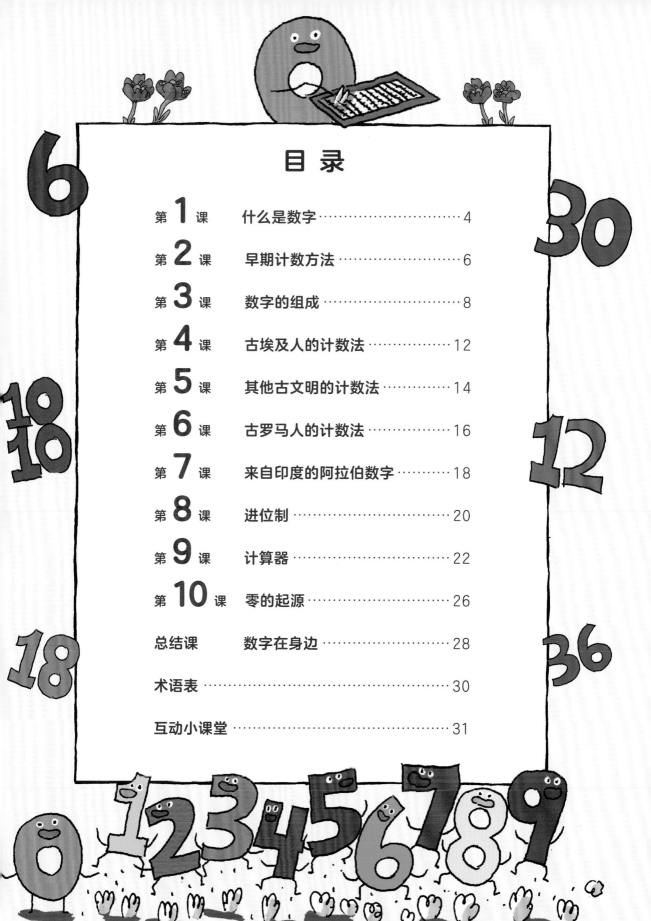

第1课 什么是数字

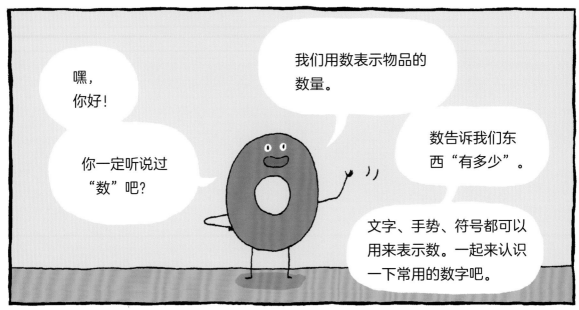

我们10个数字一起构成了十进制——其他数都是由我们组成的。

你想要什么数，都可以用我们来组成。

没错，但我们是从哪儿来的呢?

问得好！

人类在很久很久以前就发明了数字。

嗷呜——

不，我很确定是人类发明的。

我们并不清楚数字发明的确切时间和地点，但还是能找到些线索的。

第2课 早期计数方法

我们知道，人类可不是一开始就会使用数字的。

在野外，他们数手指头计数。

如果要把数量记录下来，他们就在山洞墙壁上刻记号。

也可以刻在木头上，

或者石头上，

骨头上也行。

每道刻痕代表一个东西。

过了很久，人们给数起了名字。

然后把这些名字按数的大小排序。

这就是计数！

有一天，古埃及人开始用不同的物体来表示数量为10的东西。

比如，一块石头可以代表10只羊。

这个办法让统计一大堆东西变得更快、更简单了！

今天，我们仍以十为单位来表示大的数。

这就是我们称它为十进制的原因。

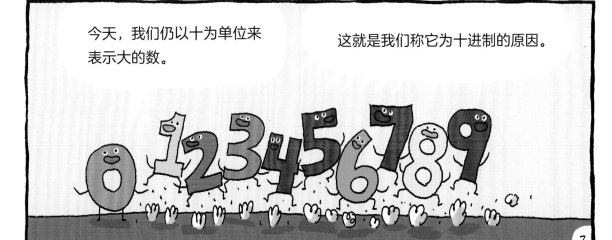

数学来源于生活，恭喜你认识了生活中的数字！休息一下再继续。

第3课　数字的组成

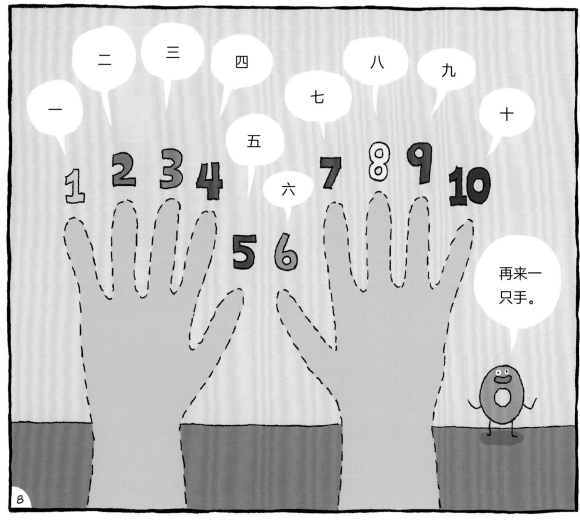

在我们的语言中，10之后的数是由10之前的数演变而来的。

十一

我叫十一，最初的意思是"十和一"。

而我的名字，最初的意思是十……

和二！

那么，你们俩后面还有谁呢？

让我们击鼓欢迎——

9

数字的组成学会了吗？休息一下再继续。

第4课 古埃及人的计数法

终于，人类发明了计数法，它能用来统计物品的数量，也可以给数命名。

古埃及人采用十进制。

他们也有一种叫作"数字"的符号。每个符号代表一个特定的数量。

他们的符号看起来就像这样：

1　10　100

他们还有专门的符号，用来表示1000这样的大数。

这幅荷花图就代表1000。

现在，尼罗河畔仍开放着数以千计的荷花。

或许正是因为这样，古埃及人才认为荷花是表示"1000"这样的大数最好的符号。

古埃及人写数可以从左往右，也可以从右往左，有时候甚至从上往下。

要表示某个大于1的数，

这个数有多大，我就把这些符号重复写多少遍。

这几种符号都表示23。

23

啊！

第5课 其他古文明的计数法

但古希腊人是用希腊字母来表示数字的。

和古埃及人一样，古希腊人也以十为单位计数。

字母表的前9个字母分别代表数字1到9。

古时候的中国人也以十为单位计数。

他们用兽骨或者竹签计算。

早期中国数字看起来就像这样：

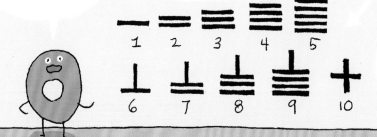

但十进制并不是唯一的计数方式。

生活在中美洲的玛雅人以二十为单位计数。

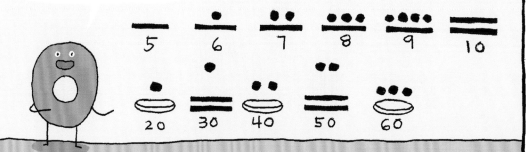

而生活在美索不达米亚平原的古巴比伦人以六十为单位计数。

你发现代表1的符号与代表60的符号有什么不同了吗？

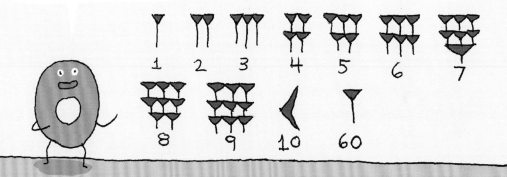

它们一模一样！

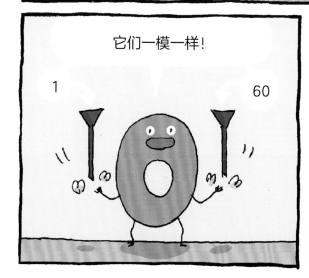

想一想，如果用古巴比伦人的计数方法解数学题会怎么样呢？

第6课 古罗马人的计数法

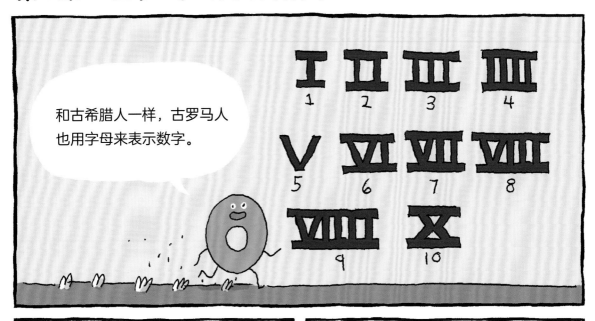

和古希腊人一样，古罗马人也用字母来表示数字。

你知道吗，你可以用自己的小手摆出罗马数字的样子！

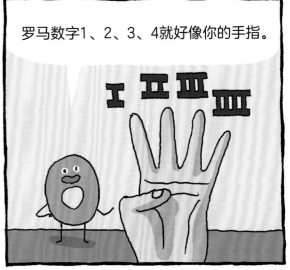

罗马数字1、2、3、4就好像你的手指。

而罗马数字5就好像张开的虎口。

来试试吧！

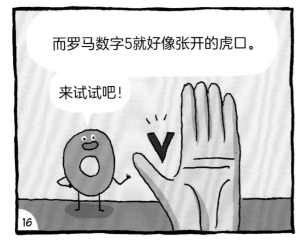

罗马数字10就好像交叉的两条手臂。

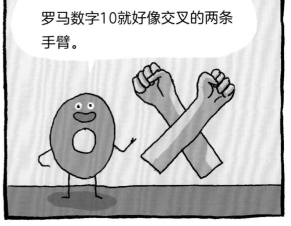

不久之后，古罗马人发明了一种新方法，可以节约写数字的时间和空间。

我们发明了数字4和9的简单写法。

IIII变成了IV，而VIIII变成了IX。

这两个新符号遵循下面这条规则：

它们都由两个数字组成。小的数字在前，大的数字在后，在后的大数减去在前的小数，所得的差就是这个符号代表的数。

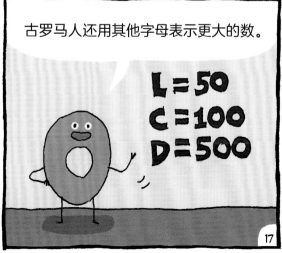

古罗马人还用其他字母表示更大的数。

L = 50
C = 100
D = 500

古代计数真有趣，休息一下再继续。

第7课　来自印度的阿拉伯数字

是不是很眼熟？

看看这些表示数字1到9的符号……

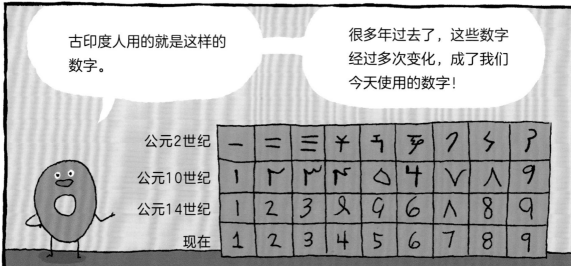

古印度人用的就是这样的数字。

很多年过去了，这些数字经过多次变化，成了我们今天使用的数字！

公元2世纪	一	二	三	¥	ㄢ	𝒫	𝟽	Ϛ	𝒫
公元10世纪	١	٢	٣	٣	٥	٤	٧	٨	٩
公元14世纪	1	2	3	𝒶	9	6	∧	8	9
现在	1	2	3	4	5	6	7	8	9

阿拉伯人学到这些符号之后，也开始用它们表示数字。

他们征服了西班牙的大片土地，把这种数字带到了欧洲。

因此，明明是古印度人发明的数字，却被称为"阿拉伯数字"。

当吋，欧洲人民还在使用罗马数字。

这种现象后来还持续了数百年。

但却没能一直持续下去。

因为欧洲各地的数学家都改用来自印度的阿拉伯数字，不再用罗马数字了。

嗯……为什么会这样呀？

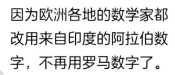

因为，用罗马数字写算式的时候很容易出错。

数一大，看起来就一团乱。

同样的算式，用阿拉伯数字却很方便。

因为阿拉伯数字采用"进位制"。

第8课　进位制

同一个阿拉伯数字，处在不同的数位，就可以表示几、几十、几百、几千……

所以，处在不同数位的数字，表示的是不一样的数值。

我们举几个例子，理解一下什么是"数位"吧。

比如25中的5，代表5个一。

而我代表2个十。

合起来就成了25。

又比如50当中的0，代表0个一。

而5代表5个十。

合起来就成了50。

再如500，个位上的0代表0个一，十位上的0代表0个十。

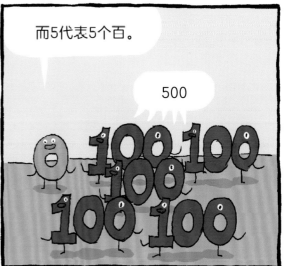

而5代表5个百。

500

如果用罗马数字，不论它出现在数的哪个位置，始终都表示同一个值。

比如V，永远都是5。

欧洲的数学家推广阿拉伯数字，于是其他欧洲人也都开始用阿拉伯数字了。

阿拉伯数字方便记，休息休息再继续。

第9课 计算器

世界各地的人们为大数的计算发明了各种各样的计算器。

算盘是最受欢迎的早期计算器之一。

一开始，算盘只是一块铺满沙石尘土的托盘或者平板。

摇摇

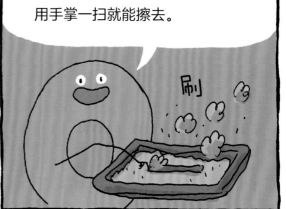

你可以用手指画出数学符号，然后用手掌一扫就能擦去。

刷

后来，人们在木板上挖出横的、竖的凹槽，穿上鹅卵石或者小珠子计数。

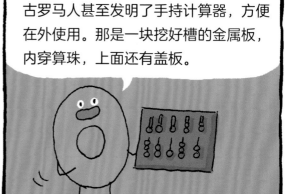

古罗马人甚至发明了手持计算器，方便在外使用。那是一块挖好槽的金属板，内穿算珠，上面还有盖板。

今天，我们仍能在教室里看见简易算盘。

每档算珠代表一个数位。

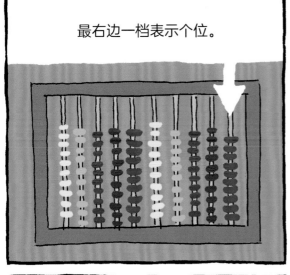

最右边一档表示个位。

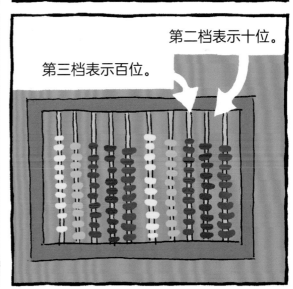

第二档表示十位。

第三档表示百位。

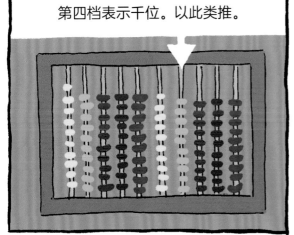

第四档表示千位。以此类推。

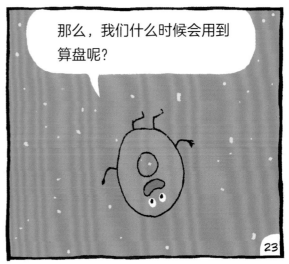

那么，我们什么时候会用到算盘呢？

想象一下，在遥远的未来，在一个千里之外的星系……

你的宇宙飞船上有14个产自地球的蔬菜罐头，都是罕见的美味佳肴。

到了交易市场，你决定再买12个，那你现在有多少个蔬菜罐头呢？

一般情况下，你可以用飞船上的电脑来计算，但现在电脑坏了。

而你又不是很擅长心算。

为什么不试试算盘呢？

从个位拨4粒算珠，十位拨1粒，表示你现有的14个蔬菜罐头。

现在，加上你新买的12个罐头。

从个位再拨2粒，得4+2=6个罐头。

再从十位拨1粒算珠。得10+10=20个罐头。

再把2个十和6个一相加，你就能知道现在一共有多少罐头啦。

哇!咕! 没错，26

这么多蔬菜，够吃一顿大餐啦!

恭喜你认识了算盘，学会了数位。现在可以休息一下啦。

第10课 零的起源

等等，我差点忘了向你们介绍数学中一个重要的概念。

就是我！

我是0。

你可以用我来表示"没有""空""无""零"……

不是所有的计数法都有表示"无"的方法。

古罗马人、古埃及人有专门的符号表示10、100、1000……但他们没能发明我。

用符号表示"无"确实很难。

但我可以做到！

比如，要表示30，你可以在十位拨3粒算珠，

而个位一粒都不拨。

玛雅人是最早使用符号表示"零"的人类之一。

后来，印度人也发明了表示"没有"的方法。

他们创造了一个称为"空"的数字。

"空"就是算盘上某一档一粒算珠都不拨。

多么启迪人心的发明啊。

只用9个数字和一个"空"，印度人就能写出世上所有的数了！

阿拉伯人也采纳了"空"的概念。

他们用阿拉伯语给"空"起了个新名字，叫作"无"。

欧洲人学习阿拉伯数字的时候，也学会了"无"。

他们又给"无"起了新的名字，

就叫作"零"！

总结课 数字在身边

今天，它被用于电脑编程。

嘿！

也许，你也能发明一种旧数字的新用法。

甚至发明一种新的计数体系！

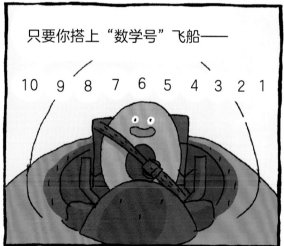

只要你搭上"数学号"飞船——

10 9 8 7 6 5 4 3 2 1

宇宙天地，
畅游无际！

真棒！学会了这么多知识，看看后面还有什么在等你。

术语表

算盘

框中镶有几档算珠的计算工具。

古希腊、古罗马、中国及其他国家均有使用算盘的历史，至今仍有地区用于学校教学。

古巴比伦人

生活在古巴比伦地区的人。古巴比伦曾是多个王国所在地。

十进制

以1、2、3、4、5、6、7、8、9、0十个数为基础的数字系统。

数的大小由其所在数位决定。

二进制数

仅用0和1两个数字表示的数。

美索不达米亚

位于中东地区，世界上最早的城市之一曾建筑于此。

计数法

一种计数方式。世界上大部分人使用十进制。

进位制

数值大小由数所处数位决定的计数法。

互动小课堂

 课本知识提前学

本书从认识数字开始，了解数字的发展演变。

ΑΒΓΔΕFZΗΘΙ
1 2 3 4 5 6 7 8 9 10

古埃及数字、古罗马数字、古巴比伦数字、古代中国的数字……带孩子看遍世界各地数字的起源。

知道十进制的含义，了解算盘和计算器的使用方法。

帮助孩子从源头了解数字存在的意义。

生活中的数字小课堂

Ⅰ 数一数，鞋柜里有几双鞋子？古罗马人是怎么表示这个数的呢？你还知道其他的写法吗？

Ⅱ 找一找，家里哪些地方出现了我们熟悉的数？想一想，这些数代表了什么含义呢？

图书在版编目（CIP）数据

数学小天才的一年级预备课. 数字 / (美) 约瑟夫·
米森 (Joseph Midthun) 文 ; (美) 萨缪·希提
(Samuel Hiti) 图 ; 仇韵舒译. -- 上海 : 文汇出版社,
2020.12
　　ISBN 978-7-5496-3334-0

　　Ⅰ.①数… Ⅱ.①约… ②萨… ③仇… Ⅲ.①数学—
儿童读物 Ⅳ.①O1-49

中国版本图书馆CIP数据核字（2020）第187242号

数学小天才的一年级预备课. 数字

作　　者 / [美] 约瑟夫·米森（文）
　　　　　　[美] 萨缪·希提（图）
译　　者 / 仇韵舒

责任编辑 / 文　荟
特邀编辑 / 赵佳琪　　蔡若兰
封面装帧 / 吕倩雯
内文排版 / 徐　瑾

出版发行 / 文匯出版社
　　　　　　上海市威海路 755 号
　　　　　　（邮政编码 200041）
经　　销 / 全国新华书店
印刷装订 / 北京盛通印刷股份有限公司
版　　次 / 2020 年 12 月第 1 版
印　　次 / 2020 年 12 月第 1 次印刷
开　　本 / 787mm×1092mm　　1/16
总 字 数 / 16 千字
总 印 张 / 12
ISBN 978-7-5496-3334-0
定　　价 / 150.00 元（全6册）

侵权必究
装订质量问题，请致电010-87681002（免费更换，邮寄到付）